Deux Visages de L'Amour

Maurice Jean Guérenneur

Deux Visages de L'Amour

Du même auteur

La nymphe mystérieuse (Nouvelles 2004)

Yann ha Janéd « Les menhirs amoureux » (2006)

En couverture :

Aquarelle de l'auteur

LA PLUME EDITIONS
235 ALLÉE ANTOINE MILLAN
BÀT C
01600 TRÉVOUX

la-plume-editions@neuf.fr

http:/:plume-editions.over-blog.com

A Michèle Josée

Deux Visages de l'Amour.

L'écrivain doit être une sorte d'ambassadeur de l'esprit, qui nous enseigne à mieux connaître sous tous ses aspects cette chose merveilleuse et mystérieuse qu'on appelle la vie.

André Maurois.

Alors que de sang!
La vraie vie, regardez elle est près de vous. Elle est dans les fleurs de votre pelouse, dans le petit lézard qui se chauffe au soleil sur votre balcon, dans les enfants qui regardent leur mère avec tendresse, dans les amants qui se serrent l'un contre l'autre, dans toutes ces petites maisons où des familles tentent de se nourrir, d'aimer, de jouer. Rien n'est plus important que ces humbles destins. Leur somme fait l'humanité. Seulement les hommes sont si faciles à tromper. Pour quelques mots non définis, ils vont s'entretuer, se croire persécutés, se haïr. Dans toute la mesure où vous en aurez le pouvoir, rappelez-les à la vraie vie, aux plaisirs et aux affections simples.
Et choisissez vous-même de vivre, et non de jouer un rôle auquel vous ne croyez pas, dans une comédie tragique.
La vie est trop courte pour être petite.»

*. «Lettre ouverte à un jeune homme» sur la conduite de la vie André Maurois 1966

André Maurois
De l'Académie Française.

André Maurois

Chargé de lauriers, il entra cependant dans l'usine familiale. La guerre, l'arracha à son métier mais ce fut peut-être grâce à celle, qu'il se mit à écrire. Essayiste, historien, biographe particulièrement inspiré, André Maurois a produit une œuvre romanesque dont chaque titre, Climats, Terre Promise, Les Roses de Septembre…Le Peseur d'Ames. etc. représente une extraordinaire exploration de «l'âme féminine»
Il fut élu à l'Académie Française en 1938.
Le «métier» d'écrivain, reste difficile à cerner car il n'est soumis à aucun diplôme… et à aucune forme d'interdiction en cas de constat d'incompétence.
Si certains auteurs se définissent comme «écrivain» d'autres préfèrent dire qu'ils écrivent car écrire est pour eux avant tout «une passion». Pour une minorité d'entre eux «un métier».
Un jeune lecteur de Maurois découvre:
«Lettre ouverte à un jeune homme.» Très vite il va avoir une immense admiration pour cet auteur.

Jane Wanda De Szymhiewiez

Interdit par la surprenante beauté de l'inconnue, je restai muet. Que de fois, j'avais rêvé d'un visage parfait, où se fussent mêlées la gravité passive d'un adolescent et la grâce fragile d'une femme. Le visage parfait, de mes rêves étaient devant moi. Je ne pouvais détacher mes yeux de l'apparition qui soudain comblait tous les désirs de mon cœur. La jeune fille portait une robe de tussor, une ceinture de même que le col. Son grand chapeau de paille était noué d'un foulard blanc à pois bleus.

Elle me regardait, elle aussi, et embarrassée par mon silence souriait.

Je me souviens de ma grande hâte à voir finir cet entracte et de mon désir, incroyablement vif, d'être seul avec l'inconnue.

Enfin la sonnerie, longue, insistante, nous chassa.

Dés la porte refermée, je dis:

Vous rentrez dans la salle?
Non dit-elle, je n'ai pas de billet... j'étais seulement venue voir Mlle B...
Puis-je vous escortez à travers le parc?
Si vous voulez.
Lorsque j'évoque cette soirée, le sentiment que je retrouve est un mélange d'admiration, d'enthousiasme et de confiance. Tout de suite j'aimais sa voix précise, un peu voilée, et la poésie triste de ses propos. Que disait-elle? Elle me racontait sa vie. Sa mère, Lyonnaise d'une grande beauté, avait fait la conquête d'un gentilhomme russe, le comte Constantin de Szymkiewicz. Celui-ci mort tout jeune, lui laissait deux enfants. La veuve était venue vivre en Suisse et avait mis sa fille au couvent, à Lausanne; son fils dans un internat de garçons, à Neuchâtel.
Janine, sortie de pension depuis un an, se sentait malheureuse.
- Mais pourquoi?
- Oh! Ce serait trop difficile à dire...
- C'est si complexe?
- Non...plutôt pénible.
- Mais parler de ce qui est pénible en délivre.
Quelques minutes plus tard, nous étions assis l'un près de l'autre; sur un banc du parc des Eaux-Vives, au clair de lune, et elle me disait pourquoi la vie de la maison lui paraissait insupportable. Dès le moment où je l'avais vu c'était réveiller en moi l'âme du Chevalier de mon enfance.
Elle était la reine des «Petits Soldats russes», la Natacha de «Guerre et Paix», l'Irène de «Fumée».
«C'est étrange, mais je vous attends depuis vingt ans.»
Nos mains se rencontrèrent dans l'ombre.
- Vous ressemblez, dis-je, aux anges de Reynolds.
- Ne me mettez pas trop haut...Vous seriez déçu...
- Je ne le crois pas.

**. André Maurois

La lune disparut dans les arbres. Ma nouvelle amie se leva.
- Il faut rentrer…Les lions seront furieux.
- Qui sont les lions?
- Ma mère et ma grand-mère.
Je la ramenais jusqu'à sa porte.
- Et pourrais-je vous voir demain?
- Oui, venez au parc à quatre heures, près de notre banc, j'y serai…Nous irons goûter ensemble. Je revins vers mon hôtel, en suivant le lac endormi. Je me sentais joyeux, léger, confiant. Soudain tout mon cynisme s'était évanoui.
Le lendemain à l'heure fixée, j'étais au parc des Eaux-Vives. Un instant plus tard, Mlle Szymkiewicz arrive et je fus enivré de la trouver plus parfaite que mon souvenir.
«Bonjour», dit-elle.
Les syllabes, quand elle les prononçait, glissaient longuement.
Elle me proposa de louer une voiture et d'aller goûter dans une ferme voisine de Genève. Ainsi commença une semaine d'enchantement, d'harmonie et de tendresse. Du matin au soir, nous ne nous quittions plus. Parfois nous prenions l'un des grands bateaux qui font le tour du lac et elle me montrait son couvent de Lausanne, où cette belle cathédrale au sommet de laquelle un guetteur chante la fuite des heures. Parfois nous errions à pied dans les quartiers anciens de Genève. Elle me présentait les vieux murs de l'Escalade et m'en fredonnait la chanson.

Qu'allait devenir cette romantique aventure?
Sans doute il était possible de demander à Mlle Szymkiewicz si elle voulait m'épouser. Pouvais-je revenir au Grand Bureau et annoncer, devant les portraits des terribles oncles, mes fiançailles?
– Avec qui me demanderait-on?
- Avec une jeune fille russe, qui habite Genève.
- Une jeune fille russe!.. Quel âge a-t-elle?
– Dix sept ans.
- Que font ses parents? Quelle date?

- Point de date… Le père est mort…La mère n'a que des dettes.
Sans doute mon père, romanesque lui aussi, finirait-il par me soutenir.
D'ailleurs entre Janine et moi, pendant ces huit jours de bonheur, il n'avait jamais été question d'avenir. Elle avait peur d'y penser. Son propre destin lui apparaissait chargé de nuages, de menaces confuses. Elle citait souvent une phrase de je ne sais quel roman: «Sous l'influence de Mars, fatalement condamnée, fille aux cheveux d'or, prends garde à toi…»
Fatalement condamnée, répétait-elle avec une malice mélancolique, de sa voix charmante, voilée.
Les malheurs de Janine lui donnaient à mes yeux autant de prestige que sa beauté.
Si violent que fut mon désir de rester, je ne pouvais ni ne devais résister à un tel ordre.
Un télégramme arriva d'Elbeuf
Comprenons pas – Collection arrêtée par ton absence. Reviens immédiatement.
Il me fallait annoncer mon départ à Janine.
C'était à Nyons, sous les arbres qui bordent le lac; devant nous le vague profil du Mont-Blanc dominait les collines fleuries.

*. Usine familiale d'Elbeuf

Le soleil se couchait.
«Je dois partir Janine dès ce soir… Je voyagerai de nuit.»
Je vis des larmes dans ses yeux.
- Je vous promets de revenir.
Elle dit vivement:
- Quand?
- Mais très vite…
«Je vais essayer dis-je, pour m'accoutumer à votre absence, de passer cinq minutes sans vous regarder.»
Je tournais la tête; au bout de dix secondes, nos yeux se rencontrèrent.
«Je ne peux, pas, lui dis-je, et à mon tour il me faut demander: Que vais-je devenir sans vous? »
Elle m'accompagna jusqu'à la gare de Genève et, au moment où je dus monter dans mon compartiment, me tendit ses lèvres.
Un contrôleur Suisse me poussa doucement vers le train:
«Allons! Allons! dit-il…En voiture!»
Je pris alors l'habitude surprenante, mais pour moi délicieuse, d'aller passer à Genève tous les dimanches.
Cette vie continua jusqu'au début de Décembre.
Puis un jour, à Elbeuf, le concierge de l'usine me remit un télégramme «Serai rue de Madrid samedi. Lions devenus dangereux. Tendresses. Janine.»
Cette nouvelle me bouleversa. Ruiner la vie de cette jeune fille si jeune, si charmante et si fière, me paraissait monstrueux. En outre je ne vivais à Paris que deux jours par semaine. Comment vivait-elle seule, le reste du temps. L'épouser? Je le désirais vivement, mais jugeais impossible d'en parler à ma famille avant que Janine eût au moins vingt ans, et moi une position plus fermement établie.
«Puisqu'elle n'est pas heureuse chez elle, pensais-je, et puisque je souhaite l'épouser, pourquoi ne pas profiter de ces deux années pour compléter son éducation? Et pourquoi ne l'enverrais-je pas en Angleterre passé à mes frais, un an dans une école supérieure de jeune fille, puis un an à l'université?»

Quand elle arriva, naturelle et hardie, avec sa valise («Mon petit bagage», disait elle, sans doute par réminiscence de Manon, avec des inflexions touchantes), je lui fis part de mon projet. Elle fut surprise et un peu inquiète:
- En Angleterre? Mais pourquoi?… Je ne te reverrai jamais.
- Je ferai ce que je faisais quand tu étais à Genève.
J'irai te voir chaque dimanche.
- C'est possible?
- Oui, en prenant le paquebot de nuit.
- Tu seras mort de fatigue.
- Je ne suis jamais fatigué.
- Mais je ne sais pas un mot d'anglais…
- C'est pour cela qu'il faut l'apprendre… Rien ne te sera plus utile.

Après beaucoup de larmes, elle consentit:
- A une condition… Tu m'y conduiras.
- C'est mon intention. Je vais choisir ton école moi-même.

Avec elle, j'appris à connaître Oxford. Elle me fit voir Magdalen, Christchurch, All Sounds et, à University Collège, le cénotaphe de Schelley. J'étais maintenant résolu à faire d'elle ma femme. Elle avait acquis au cours de son année d'Oxford, je ne sais qu'elle hardiesse qui m'inspirait confiance de nos démarches. A Elbeuf, ma propre autorité était maintenant telle que je ne pouvais plus craindre que la famille me résistât, si elle me sentait décidé. Je savais que mon père avait formé pour moi d'autres projets de mariage, qui eussent réuni dans mes mains une grande puissance industrielle et financière, mais je savais aussi qu'il avait un cœur délicat et que notre histoire le toucherait. Je demandai à ma sœur cadette Germaine, fille énergique et qui connaissait la situation de «préparer ma mère. Comme il arrivait presque toujours, celle-ci répondit que ce n'était pas là pour elle une révélation.»

Je croyais dit-elle à Germaine, que ton frère était depuis longtemps marié secrètement en Angleterre. Oui, j'étais convaincue qu'il était marié… Mais je n'ai pas osé en parler à Papa…

Ce fut en Alsace, chez les parents de la meilleure amie de Janine que mes parents firent sa connaissance. Janine ravissante et frêle, émue, se détachait sur ce fond robuste comme une sainte de vitrail entre les donateurs agenouillés et trapus. Sa fragile beauté toucha mon père.
«Je ne sais si tu as raison, me dit-il, mais je te comprends.»
Ma mère, plus critique, restait polie et réservée. Mais le jour du départ, notre hôte proposa un toast: «A un évènement heureux et prochain.» Mes parents nous embrassèrent.
La partie était gagnée.
Et les Lions? Qu'est ce qu'ils diront, les Lions? Demandai-je à Janine quand, ayant quitté la table, nous nous retrouvâmes seuls.
Les Lions? dit-elle. Ils seront épatés.
Il nous fallait une maison, J'en trouvais une, près de l'usine de Caudebec, modeste mais confortable, dans un beau jardin fleuri.
Janine vint la voir et l'aima. En revanche elle fut terrifiée par le bruit des métiers et surtout par l'accueil silencieusement réprobateur de «Ces Messieurs les oncle».
Je ne sais pas, dit-elle d'un air sombre, si je pourrai vivre ici…
Ça paraît si triste, si triste…
L'amusement d'acheter un immobilier, un trousseau, lui fit bientôt oublier cette angoisse.
Le mariage eut lieu à Paris le 30 octobre 1912 à la mairie du IX arrondissement.
Ce fut dans l'église de la Trinité qu'un vieux curé affable nous unit.
Tenir la main de Janine dans la mienne, passer à son doigt l'alliance, me fut très douce.
«For better, for worse» me dit-elle gravement en descendant les marches de l'Église.
Dans le square de la Trinité des vols de pigeons tournoyaient au soleil.

Madame Emile Herzog

Elle se révélait bonne ménagère, et maintenait avec sa grand-mère, avec sa mère, avec Loulou, des correspondances où les recettes de cuisine jouaient un grand rôle.

Était-elle heureuse? Certainement elle prenait plaisir, après avoir tant souffert de l'incertitude et du désordre, à se trouver sûre de son terrain, maîtresse de son petit domaine et délivrée de tout souci matériel. Nous nous aimions de corps, d'esprit et de cœur; nous avions beaucoup de goûts communs et les soirées que nous passions ensemble, moi lisant pour elle à haute voix des romans ou des comédies, elle, me faisait de la musique ou me racontait son enfance, étaient charmante. Ne souhaitant moi-même rien de plus, je pensais, avec un naïf égoïsme, qu'elle était parfaitement satisfaite. J'ai su, longtemps après sa mort par des lettres d'elle retrouvées, et par des confidences de ses amies, qu'elle avait eu grand-peine à s'acclimater dans une famille austère et repliée sur elle-même. «Notre vie d'ermites» disait-elle. Sans doute elle avait souffert à Genève dans la maison de sa mère, d'un excès de fantaisie et imprévoyance.

Mais elle y avait pris, avec son frère Alex, des habitudes de gaieté frondeuse qui ne trouvaient plus à Elbeuf leur emploi.

Si j'essaie après trente années, d'imaginer ce que dut être l'impression faite sur ma femme pour notre vie familiale. Je pense qu'elle dut éprouver un grand étonnement et, eu certains jours, de l'effroi. Tout était, travail, devoir, mais nous vivions là, elle et moi, sous la menace des choses non dites.

Des monstres muaient flottaient, invisibles, parmi nos vases de fleurs et nos rayons chargés de livres.
Heureusement il y avait le séjour à Paris qui, chaque semaine, pour Janine, venait desserrer l'emprise d'Elbeuf et la monotonie de cette vie de recluse. Nous étions les seuls, mais n'avions nul besoin des autres. Le théâtre, les concerts et, pour Janine, en mon absence, les couturiers, les modistes, suffisaient à remplir notre vie.
En mai 1914 naquit, dans l'appartement de Paris notre premier enfant Michèle; Janine fut très malade, eut une violente hémorragie et resta longtemps affaiblie.
Fin juin 1914, nous revînmes à Elbeuf. Dans le train à la gare Saint-Lazare, ouvrant «le Temps» que je venais d'acheter, je lus aux «Dernières Nouvelles» le meurtre de l'archiduc héritier d'Autriche-Hongrie et de sa femme, à Sarajévo. Je le dis à Janine.
Elle leva la tête:
- Qui a été assassiné?
- L'archiduc François-Ferdinand…
Elle fit une moue d'indifférence.
Cette nouvelle, cette minute marquait la fin de notre paisible bonheur, mais comment l'eussions-nous deviné?
Le 30 juillet, il ne fut plus possible, même pour ceux qui, comme moi, voulaient être optimistes, de conserver la moindre illusion.
J'allai, chez le cordonnier d'Elbeuf, acheter des chaussures de marche, me méfiant de celles du régiment, puis je cherchai une ceinture de cuir munie d'une poche, pour emporter de l'or car j'étais nourri des récits du capitaine Parquin, soldat de l'Empire, toujours sauvé au moment critique par un Napoléon tiré de sa ceinture.
Ma femme, malgré sa fatigue et sa fragilité, m'accompagna partout.
«Je ne te lâche plus! disait-elle. Tant que je tiens encore, je ne crois pas que je vais te perdre». Je ne l'avais jamais vue plus belle ni plus touchante, depuis le jour où elle était arrivée avec «son petit bagage»

Nous passâmes, Janine et moi, une soirée douce et mélancolique. Il faisait un temps chaud et pur; nous allâmes nous asseoir au jardin, sous les arbres. Nous nous tenions la main et parlions à peine.
- J'espère dis-je, que tu n'as pas été trop malheureuse?
- J'ai été si heureuse, dit-elle, que je voudrais que toute la vie fût comme cette dernière année…Mais j'ai si peur de ce qui vient…
Le moment du départ arriva. J'avais demandé à Janine de ne pas m'accompagner à la caserne, pour ne pas briser mon courage.
Sur le pas de la porte, elle m'embrassa. Au moment où je montais en voiture, elle courut vers le jardin, revint et me tendit notre enfant qui, surpris par le rouge du Képis, poussa un cri. Mais déjà la voiture roulait vers Rouen.
«Pauvre Ginette!» pensai-je.
A Elbeuf, Janine n'était pas heureuse, elle entrait en conflit, muet, mais sans remède avec les miens; à Rouen, elle se plaignait de ne jamais me voir que flanqué d'ennuyeux majors et colonels. Notre vie intime lui semblait sacrifiée aux exigences de l'armée. Mon départ pour le front la laissait libre d'aller s'installer à Paris, dans notre joli pied-à-terre de la rue Ampère.
Nous ne manquions pas d'argent, car, autre surprise, l'usine, que j'avais vue condamnée à vivre au ralenti tournait au contraire à plein rendement.

Je rêvais à Janine, à mes parents. Que faisaient-ils tous?
J'évoquais le ravissant visage de ma femme, penchée sur un berceau. Ne m'oubliait-elle pas? Chaque jour m'arrivaient d'elle de longues lettres, des paquets de victuailles, de lainages, de livres. Je lui envoyais des vers, écrits sous la tente, au bruit du canon et du vent. Que pensait-elle? Qui voyait-elle? Je lui demandais sans cesse et me plaignais du manque de précisions de ses lettres. La vie de Paris m'inquiétait pour elle. «Je prends des leçons m'écrivait-elle. Je fais de l'italien. Je monte à cheval. J'apprends à conduire la voiture dans le bois. Sa mère et son frère était venus de Genève habiter Paris et je craignais que leur influence fût opposée à la mienne. Enfin, sans aucune raison

précise d'être inquiet, je l'étais jusqu'à la souffrance.
J'avais droit, tous les quatre mois, à une permission. Je pris la première à Paris, dans notre petit appartement de la rue Ampère. Elle fut gâtée par un indéfinissable sentiment de malaise.
Comme il eut été facile de le prévoir, Janine, seule à Paris et si belle, avait été peu à peu découverte par des groupes forts divers, dont la vie n'était pas celle, studieuse, retirée, modeste, que j'avais souhaité pour elle. J'étais loin et sachant que certains de ses nouveaux amis me déplairaient elle ne m'en avait jamais parlé dans ses lettres. Elle se trouvait embarrassée par ma rentrée dans une vie où je ne pouvais manquer de percevoir des résonances nouvelles, des noms inconnus, des habitudes dont je ne m'expliquais pas l'origine. Pendant toute cette permission, elle fit des efforts, gentille et appliquée, pour me rendre heureux, mais je ne fus pas parti en emportant le souvenir de coups de téléphone mystérieux et incompréhensibles allusions. Elle le sentit et sur le quai de la gare du Nord, m'embrassa avec une tendresse anxieuse et désespérée. Lors d'une autre permission, la vérité apparut et je conseillai à Janine de quitter Paris. L'année précédente, elle avait passé l'été à Bagnoles, puis à Deauville; à partir de ce moment, elle voyagea, demeura quelques mois en Bretagne, puis loua des villas dans le midi. Sa vie et la mienne contenaient maintenant, hors notre enfant et nos souvenirs, peu d'éléments communs. La guerre dissociait notre ménage, comme tant d'autres, et ce n'était pas le moins affreux de ses maux que cette cassure qui tranchait tant de liens.
En ce temps-là, j'écrivais à ma femme beaucoup de lettres, en vers, mais elles étaient adressées à la Natacha, à l'Irène, de mon imagination, plutôt qu'à la femme réelle, désemparée qui avait eu besoin d'une présence, et non de poétiques adjurations.

> Ton cœur est transparent pour moi comme un ruisseau.
> Comme des poissons d'or, j'y vois fuir tes pensées.
> Et j'y sais deviner, aux frissons d'un roseau,
> L'invisible réseau d'activités effacées.

Si quelque jour, venant s'y refléter, une ombre
Met notre bonheur en danger
Je verrai le premier, penché sur le flot sombre,
Le visage de l'étranger.

Pendant les nuits d'Abbeville, en attendant le halètement des avions allemands, pour fuir mes sinistres pensées, je me mis à noter les dialogues de ces hommes, puis à leur prêter des propos plus stylisés que j'imaginais.
Très vite ces conversations firent un livre:
«Les silences du colonel Bramble»
Il parut chez Grasset, je dus utiliser un pseudonyme. Je choisis le prénom d'André en souvenir de mon cousin tué à l'ennemi, et Maurois, nom d'un village près de Cambrai, parce que j'en aimais la sonorité triste…
André Maurois… que ces syllabes alors me semblèrent étranges et neuves.
Le livre obtenu un grand succès auprès du public et des critiques.
On sentait la fin proche. J'aurais dût en éprouver un bonheur sans mélange, et certes j'étais heureux du salut de la France, mais ma vie personnelle était bouleversée. Soudain un télégramme signé d'un médecin, m'avait appelé au Cap-d'Ail auprès de ma femme très malade. Je dus ramener ma femme à Paris, la laisser aux mains de médecins et abandonner l'être que j'aimais le mieux au monde au moment où il y avait le plus besoin de moi. Que retrouverais-je dans le monde neuf de la paix? L'usine? Je me sentais si détaché de ce métier. Sans doute j'avais maintenant un bonheur nouveau, celui d'écrire, mais qu'est-ce que le succès, fut-ce dans un métier que l'on fait avec ardeur et foi, si l'on ne peut le partager avec personne? Mon ménage? Je le sentais, même si Janine devait guérir, cruellement ébranlé par l'absence, par des influences hostiles, par le Destin. Au début de 1919, je fus démobilisé, j'avais trente-trois ans. Mes cheveux, en quelques mois, avaient blanchi.
Pour la convalescence de ma femme, conseillée par les médecins, j'avais acheté à La Saussaye, joli village près d'Elbeuf sur le

plateau de Neubourg, une maison qu'entourait un petit parc. J'aimai tout de suite beaucoup notre maison, qu'entouraient à perte de vue des champs de blé pavoisés de coquelicots, de bleuets, de marguerites. Janine s'attacha t-elle à sa nouvelle demeure? A sa naturelle mélancolie, se mêlait une singulière amertume.

Abandonnée pendant quatre ans sans protecteur, sans conseils, dans un monde que le désordre du temps rendait impitoyable et dangereux, elle avait appris à connaître la trahison, la perfidie.
Comme au temps de nos promenades genevoises, elle murmurait quelquefois:
Sous l'influence de Mars fatalement condamnée ... et elle ajoutait: «Mars... Dieu de la guerre. Tu vois bien que j'avais raison d'avoir peur de lui...»
Elle montrait maintenant, elle qui avait jadis aimé la solitude de bon cœur la simplicité, un appétit de luxe, de robes, de bijoux, un goût pour la danse, pour les boîtes de nuit, pour le jazz, qui sans doute, après une longue contrainte était naturel, mais chagriné le moraliste austère tapi tout au fond de moi-même. La regardant vivre, je pensais au mot d'Alain: «La frivolité est un état violent.»
Peut-être aurais-je pu la rendre heureuse si je l'avais acceptée telle qu'elle était devenue, et si je m'étais donné sans réserve à la tâche de la réconcilier avec la vie. Je croyais être plein de bonne volonté; je voulais de tout cœur sacrifier mes désirs aux siens; je lui accordais ce qu'elle souhaitait: un bel appartement à Neuilly, un séjour à Deauville, des voyages, mille présents, mais c'était de telle manière que le don devenait concession et reproche. Je lui disais «Pourquoi ne pas aider plutôt les œuvres de ma mère? Il y a tant de malheureux depuis cette guerre!
Pourquoi me traîner à Deauville, quand je pourrais rester ici et travailler à un livre. J'ai compris, trop tard ce qui avait faussé notre réunion après la tourmente. J'étais prêt, pour reconquérir Janine, à tous les sacrifices de fait, non au sacrifice intellectuel qui eut consisté, je le répète, à l'accepter telle qu'elle était.

L'égoïsme de l'écrivain, plus dévoué à son œuvre qu'aux êtres qui l'entourent, étrange combinaison de sollicitude maternelle et d'ambition paternelle, grandissait en moi à vue d'œil. Notre ménage en apparence paisible sous les beaux tilleuls de La Saussaye en souffrait.
Le 8 septembre 1920? Janine met au monde un fils, Gérald. Un an plus tard, le 10 octobre 1921, un second garçon, Olivier. De la cuisine de Neuilly à celle d'Elbeuf, les ragots circulaient vite. Les mauvaises langues se déchaînaient contre cette femme légère, à laquelle son mari autorise une vie de demi-mondaine.
Pensez-donc! Elle conduit sa voiture, elle porte des fourrures et sort, dit-on, le soir avec d'autres hommes que son mari.
Les domestiques colportent des rumeurs, et l'on raconte, dans le dos d'André Maurois, que Janine à des amants.
C'est par Loulou, l'amie intime de Janine, qu'André Maurois prendra connaissance des intrigues extra-conjugales car intrigues il y a eu et intrigues il demeura explique-t-elle.
Janine a fait passer par elle des lettres interdites, dont la fréquence aurait put choquer à sa propre adresse ou qui aurait pu s'égarer, être ouvertes lors des déplacements du couple entre Paris, Deauville, Cannes ou Elbeuf. Elle va jusqu'à expliquer à un homme trahi, éperdu de souffrance, que ses propres fils ne seraient pas de lui mais des amants successifs de Janine. C'est Loulou qui aurait été chargée d'annoncer au téléphone les naissances des enfants aux pères supposés de Gérald, puis d'Olivier. Elle apporta sur tout ce qu'elle savait des précisions indiscutables.
Les révélations, de Loulou bouleversent, bien sûr André Maurois. Elles le blessent en plein cœur. Loulou obtient d'être mise à la porte. Quand elle espérait détourner en sa faveur un mari trompé de son épouse trop aimée, c'est elle qui perd au feu. La trahison lui vaut d'être détestée.
De cette aventure sordide et sans lendemain, Janine sort encore grandie, s'il en était besoin, victime ingénue d'une amitié perverse!
Elle s'arrange toujours. Quelle est donc sa recette? Pour garder la

vedette, et quoi quelle fasse, même le pire, elle reste irrésistible aux yeux de son époux.
A cause de Janine, et s'il n'avait la littérature, il sombrerait dans le désespoir. Après les révélations de Loulou il s'est laissé aller à un excès de colère. Il est sortit de ses gonds, il a exigé des «explications». Elle n'a rien avoué et rien nié. Semblable à elle-même, mystérieuse, approximative, elle n'a voulu céder aucune information. Alors il l'a menacé. Sur un ton impérieux qui lui est peu habituel, il lui aurait simplement dit: «Deux peut être. Mais trois jamais!»Et ne serait jamais revenu sur le sujet. Janine était avertie: il ne tolérait pas de donner son nom à un troisième enfant. L'été 1923, à son retour de Deauville, elle brûle devant lui tout un trésor de lettres, dans la grande cheminée du manoir Saint-Nicolas. Elle a voulu qu'il soit le témoin de ce geste dramatique, mais a refusé d'expliquer l'autodafé. Elle semble nerveuse et tourmentée. Plus triste aussi, Maurois ne parvient pas à lui rendre le sourire. Comment le couple vivrait-il sereinement sa mutuelle déchirure?

Mais il est en même temps, rongé de jalousie et de rancune:
Les révélations de Loulou agissent comme un poison lent.
De retour à Paris, chacun s'accorde à la trouver plus belle, plus élégante que jamais. Un jour pourtant elle disparaît sans dire ou elle va.
Elle ne rentre que tard, refuse de dîner, s'enferme dans sa chambre.
Elle dit qu'elle ne se sent pas bien. Le lendemain la fièvre se déclare… Janine souffre, elle se plaint. Elle appelle Emile, elle croit qu'elle va mourir. Affolé il appelle son médecin mais il est trop tard. Le médecin diagnostic une septicémie dont l'issue n'est que trop certaine. Consécutive à un avortement, sans doute effectué dans les pires conditions sanitaires, elle ne peut plus être enrayée. Lui-même avait refusé, quelques semaines auparavant de pratiquer une intervention que la loi punit alors comme un crime.

Janine était de surcroît enceinte de cinq mois.
Elle avait demandé à revoir ses enfants. Les deux petits s'étaient assis près du lit et avait joué au médecin:

Maurois resta près d'elle avec une infirmière. Elle parlait comme une personne qui va mourir et le sait. Elle affirma qu'elle était croyante et lui demanda de faire dire des messes pour le repos de son âme.
Soudain elle poussa un cri de terreur:
«Je ne vois plus!...»
Sa tête retomba sur l'oreiller. C'était fini.
Maurois resta jusqu'au jour agenouillé près du lit, tenant cette main qui devenait froide.
Les obsèques de Janine eurent lieu en l'église Saint Pierre de Neuilly..
Je voulais que l'on jouât le Requiem de Fauré, si beau et le Largo de Haendel qu'elle avait tant admiré
Pour ce que fut la beauté poignante de cette messe, je garde à l'église une reconnaissance infinie.
J'étais consumé de douleur et d'amour. La divine musique de Fauré, la lenteur hiérarchique des évolutions, la solennité de l'absoute m'apaisèrent.

Requiem aeternam… aeternam… aeternam…
Il me semblait que je pouvais être plus tranquille et que, s'il existait un autre monde où survivrait celle que j'avais tant aimé, elle y était heureuse, et toute semblable à la jeune fille angélique, enfantine et ardente, que j'avais vue le premier soir, au clair de lune, sous le parc des Eaux-Vives.

*. Le père de Janine mort d'une maladie mentale. En 1917 Janine sera hospitalisée de longs mois.

Simone de Caillavet

Ce qu'il y a dans la mort d'un être aimé, de plus douloureux pour les survivants, c'est le sentiment de l'irréparable. Jamais plus je n'entendrais cette voix un peu voilée, jamais plus je ne verrai ce beau visage, jamais plus je ne pourrais avoir avec elle ce qu'elle appelait «une palabre», longue explication, mise au point parfois difficile, mais qui maintenant m'apparaissait si précieux que j'eusse volontiers donné ce qui pouvait me rester de vie pour revoir Janine, une heure, une minute.

En ce mois de mars 1924, le temps était admirable et la douceur d'un printemps précoce avivait, par contraste, mon désespoir. Jour après jour le soleil se levait dans le ciel sans nuages. Je ne travaillais plus. Chaque matin, j'allais acheter des fleurs blanches et les disposais de mon mieux, comme elle l'eût fait elle-même, déplaçant une rose, accentuant la courbe d'une tige, devant les portraits que j'avais placés dans chaque chambre. Michèle, ma fille venait après le dîner s'asseoir en face de moi dans mon bureau et sa grave gentillesse me rattachait à la vie.

Chaque nuit, dans mes rêves; je retrouvais Janine. Chaque réveil était un déchirement. Le caveau que j'avais fait creuser à La Saussaye était achevé et j'y fis transporter le cercueil. Devant la tombe j'avais placé un petit banc de marbre en demi-cercle, un

saule, une large coupe de fleurs. Je pris l'habitude de venir chaque jour m'asseoir dans ce cimetière pour y rêver du passé. Souvent les enfants venaient avec moi.
Michelle était devenue pensive, secrète. Bien qu'elle eût la grâce et la beauté de sa mère je retrouvais en elle, sous d'autres formes, mes scrupules et mes silences. Les deux garçons, blonds et roses, étaient ravissants sur l'herbe verte, dans leurs combinaisons de couleurs vives. J'aimais à suivre leurs petites vies simples et heureuses. Chaque jour ils faisaient la tournée du jardin, tel jadis, mon père celle de l'usine, et avec le même sérieux. Ils convoitaient les fraises, observaient les pois de senteur, admiraient les roses, comptaient les œufs pondus, rendaient visite au jardinier. Vers le soir, ils mettaient leurs minuscules pardessus bleu pastel, à martingale, et allaient se promener sur le plateau, par les sentiers qui traversaient des champs de blé aussi blonds qu'eux et où leurs têtes disparaissaient parmi les coquelicots et les bleuets.
Dès que j'en fus capable, je me remis au travail. Je pensais depuis longtemps écrire des «Dialogues sur le Commandement». Le livre fut achevé à la fin de l'été. Mon éditeur, Bernard Grasset, qui était devenu pour moi un ami très fidèle, aima les «Dialogues».
Bernard Grasset qui me voyait, depuis mon veuvage solitaire et désespérée s'efforça de me faire reprendre goût à la vie. Il me rapprocha de François Mauriac de Jean Giraudoux, de Paul Morand qui étaient de ses auteurs et me fit inviter chez une jeune femme Simone de Caillavet, pour y rencontrer me dit-il Paul Valéry. Entrant avec Grasset dans un rez-de-chaussée du Boulevard Malesherbes, je fus présenté à une jeune femme. Mon hôtesse était jolie, habillée à ravir d'une robe noire et blanche. Je ne sais pourquoi elle me fit penser à Janine, à laquelle pourtant elle ne ressemblait pas. Elle connaissait mon deuil et m'en parla avec une compassion qui me toucha. Grace à Paul Valéry, à Robert de Flers, à Henri-Robert, à Grasset et à Madame de Caillave elle-même qui savait mille histoires et les contait avec esprit, la conversation fut étincelante et le déjeuner agréable.

Je partis avec Grasset, il m'expliqua que Madame Simone de Caillavet était la petite fille de «Madame de Caillavet» morte depuis quinze ans, spirituelle, active, d'une érudition universelle, douée d'un rare talent d'épistolière, elle sut réunir autour d'elle pendant trente ans une élite intellectuelle qui d'Alexandre Dumas à Marcel Proust, aurait suffis à donner à son salon un incomparable éclat. Mais la renommée se rappellera surtout que ce salon fut la serre chaude où s'épanouit le génie d'Anatole France et que c'est là qu'il s'exerça à devenir lui-même.
L'influence que Madame Arman de Caillavet eut sur le premier écrivain de son temps est une chose probablement unique dans l'histoire de la littérature.
C'est à sa grand-mère Arman- Caillavet, que Simone tient à ressembler. Elle admire comme un modèle cette aïeule qui sut aimer avec flamme et constance un homme digne de sa confiance et de son dévouement (Anatole France). Elle rêve de suivre son exemple et connaître comme elle un destin romanesque. Simone se souvient des conseils de sa grand-mère:
Elle lui répétait de se tenir droite, de bomber le torse et la poitrine, de regarder toujours droit devant soi. Ce message de conquérante et d'optimiste lui est resté. Elle garde dans son cœur le feu de cette grande amoureuse. Il y a en elle un immense désir de s'enflammer, malgré sa crainte et ses mauvaises expériences.
Son propre nom l'incite à l'imiter.
La mondanité est le sport préféré de Simone. Elle y dépense une énergie considérable, que rien n'épuise. Elle danse à la perfection le tango, le fox trot qu'elle a appris avec un professeur. Elle ne fréquente que les gens qui ont un nom ou une fortune ou, mieux encore, ceux qui ont les deux.
Aux yeux de cette snob, seul compte «le monde».
Elle noie en fait dans les mondanités un mal de vivre qui dure depuis l'enfance et n'a jamais cessé de la tourmenter.
Simone de Caillavet prétend qu'elle a manqué d'amour. Fille unique et quoique, enfant gâtée, elle a souffert de la solitude. Une mère impériale, trop belle, trop blonde, qui ne lui trouvait que des défauts et le lui disait:

«Que tu es laide, ma chère, que tu es laide!...» des nurses anglaises, avares de compliments qui l'ont pliée à une discipline de fer.

Simone de Caillavet, lorsque Maurois fait sa connaissance, n'est plus une jeune fille. Bien qu'elle porte le nom de son père, c'est une femme libre, récemment divorcée d'un diplomate roumain. Mère d'une fillette de quatre ans, Françoise, dite Kiki; elle n'a pas beaucoup de temps à lui consacrer. Simone porte trente ans révolus, les blessures d'anciennes carences affectives. Sa maigreur est un signe. Simone de Caillavet appartient au clan des anorexiques.
Elle cherche désespérément celui qui pourrait lui donner non seulement un nom ou et une fortune, mais un statut social.
Pour conquérir les hommes, elle peut compter sur son intelligence. Elle a l'esprit vif et puis de l'ironie. Elle peut être très amusante. Quand elle ne s'abandonne pas aux médisances, elle est d'une drôlerie irrésistible. Beaucoup d'aisance dans la conversation, le goût des mots et des jolies formules, joints à son humour naturel, à sa spontanéité. Les défauts, et elle n'en manque pas, peuvent contribuer à la distinguer: elle est violente, capricieuse, péremptoire, souvent cassante, mais en même temps vulnérable, inquiète, timide, torturée.
Dès la première rencontre avec André Maurois, Simone est aussitôt amoureuse. Son destin vient de se fixer, elle n'hésite pas. Elle l'avouera plus tard, elle a su tout de suite qu'André Maurois serait l'homme de sa vie.
Il est plus circonspect-charmé sans aucun doute:
Madame de Caillavet m'avait demandé de signer, pour elle, quelques uns de mes livres. Je les lui rapportai moi-même; Elle était chez elle et me reçut; c'était ce que j'avais espéré.
Son appartement, que cette fois je regardais mieux, était alourdi de tapisseries à sombres verdures, trop hautes et faites pour quelques salles de gardes. L'entretien fut très animé. Nous parlâmes naturellement de Proust.

- Il y a eu pour ma mère, dit-elle, une amitié d'enfance, intermittente mais tenace... Il a fait d'elle (pour une part au moins) le personnage de Gilberte Swann... Et je suis, moi, dans son livre la fille de Gilberte, Mademoiselle de Saint-Loup.

Elle me raconta comment Proust, douze ou treize ans après le mariage de Gaston de Caillavet, étai venu leur rendre visite un soir à minuit, et avait demandé à connaître leur fille.
- Mais elle est couchée depuis longtemps! avait dit Madame de Caillavet.
- Faites-la réveiller, je vous en prie.- Il insista si bien, continua Simone de Caillavet, que l'on me tira de mon lit...Et vous vous souvenez peut-être des quelques phrases que naquirent de cette visite...?
Elle alla chercher «le temps retrouvé» et me montra le passage sur Mademoiselle de Saint-Loup qui se termine par ce paragraphe:
«Je la trouvai bien belle: pleine encore d'espérance.
Riante, formée des années mêmes que j'avais perdues, elle ressemblait à ma jeunesse.»
Je regardais avec émotion une femme vivante qui était un peu Mademoiselle de Saint-Loup. Je ne savais presque rien de Simone de Caillavet; j'ignorais tout de sa vie, de ses goûts, de sa nature, mais une jeune femme qui, enfant, s'était promenée avec Anatole France dans les musées de Paris et, adolescente, avait été admirée par Marcel Proust, m'apparaissait nimbée de précieuses images parée de mots rares et lumineux, vêtue de noble prose et de récits merveilleux. Pour la première fois depuis un an, j'éprouvais, devant une femme, un intérêt vif, une curiosité, peut être un espoir. Je lui
demandai si sa fille, qui avait l'âge, de mes garçons, aimerait à venir jouer avec eux et je pris congé.
Françoise vint. C'était une petite fille délicate, trop intelligente, inquiète et sensible. Sa mère passa chez moi pour la reprendre. Elle dut trouver tragiques ces salons tout pleins de portraits devant lesquels s'inclinaient des fleurs blanches. Ce jour là,

Simone de Caillavet à l'impression de pénétrer dans un cénotaphe. Comme si on célébrait ici avec beaucoup de soins, sous l'illusion de la vie, le culte d'un souvenir. Janine est partout. Dans les photos encadrées d'argent, où on peut la voir, de face ou de profil, debout ou assise, avec ou sans chapeau, en robe de jardin, de visite ou du soir, déshabillée ou enveloppée de fourrures, toujours sublime et rayonnante, malgré son absence de sourire, son regard voilé et son pesant mystère. Mais aussi dans les fleurs, parce qu'elle les aimait blanches et qu'elles le sont toujours, dans le décor qui n'a pas varié d'un pouce.

Après un séjour au Maroc, j'interrompis mon travail sur la «Vie de Disraeli», pour aller, en Périgord, passer quelques jours dans la famille maternelle de Madame de Caillavet au petit château d'Essendieras, situé entre Périgueux et Limoges. La vue sur la vallée de l'Isle, était riante et bien composée, la terre semée de métairies aux bons noms: Brouillac, La Guichardie, La Cerise. Deux allées convergentes, l'une de chênes, l'autre de châtaigniers, conduisaient de la route au château. Une rivière sauvage, la Loue (ou Louve) coulait aux pieds des collines et mordait les prairies d'Essendieras.

Je ne vis, pendant ces dix jours, que Simone de Caillavet, car elle avait entrepris de me montrer le Périgord et nous étions en route du matin au soir. A Essendieras, je m'épris à la fois des campagnes périgourdines et de celles qui me les montrait. Elle aimait passionnément ce pays et en parlait avec une culture de terroir, profonde et vivante, qui me touchait. Je devinais ma nouvelle amie ombrageuse, réservée, presque farouche. Bien qu'elle eût été mariée, elle gardait un côté jeune fille. Elle avait été élevée religieusement, dans l'horreur au pêché et la crainte de l'amour profane. «Habile à souffrir et qui craint la joie plus que la douleur.», avait écrit d'elle Anatole France.

Plus tard elle m'avoua qu'obsédée par le roman de sa grand-mère et Anatole France, elle avait toujours souhaité se consacrer, de cœur et d'esprit, à l'œuvre d'un artiste. Elle parlait«d'entrer en littérature comme on entre en religion.» Un soir, à la suite d'une panne de voiture qui obligea le chauffeur à retourner en arrière pour une réparation, nous restâmes seuls, pendant une heure, dans une forêt. C'était une nuit caressante et tiède. Les rayons de la lune, à travers les feuillages, éclairaient l'allée que nous suivions; la terre couverte d'aiguilles de pins, de mousses, de feuilles sèches, était souple sous nos pas. La beauté simple de la nature endormie fit fondre nos résistances. J'osai lui dire que je l'aimais. Mais je ne savais comment ajuster ce sentiment jeune, ardent et neuf, avec un passé dont les ombres funèbres m'enveloppaient encore tout entier. L'hiver suivant, à Paris, je vis Simone presque chaque jour. Nous allions ensemble au théâtre, au concert. La musique nous rapprochait. Puis un autre lien nous unit plus étroitement: celui du travail. Elle m'avait dit à Essendieras, que son père lui avait fait apprendre la dactylographie et que rien ne l'intéressait davantage que de copier des textes pour moi. Je n'avais pas pris l'offre au sérieux. Pourtant comme elle en parlait sans cesse, je lui donnai en manuscrit le début de «Bernard Quesnay». Je fus stupéfait quand, après un temps si court qu'elle avait dû travailler toute la nuit, elle me rapporta un texte impeccable.

Je lui confiais d'autres travaux, puis un jour lui dis, en plaisantant, que si elle avait su, en outre, la sténographie, je n'aurais voulu d'autre secrétaire qu'elle. Elle prit alors, sans me le dire, des leçons de sténographie et, quelques mois plus tard, me demanda de lui dicter des lettres. A force de travail et de volonté, elle était devenue, dans un temps record, la meilleure sténographe que j'eusse jamais rencontrée. Anatole France l'avait bien décrite:

«Minerve ouvrière», et qui faisait son métier avec une singulière et méticuleuse perfection.

A première vue si différente de Janine, si brune quand son épouse était blonde, si maigre quand elle était enrobée d'une chair adorable, intellectuelle quand Janine était gourmande et sensuelle, active quand Janine, dévouée aux grasses matinées et aux longues siestes, ne faisait rien de la journée, était la grâce même, Simone a pourtant avec elle beaucoup de points communs.

D'abord le goût des jolies robes. Elle s'habille comme elle chez les grands couturiers. Elle pose, comme Janine dans «Vogue» et dans «l'Art et la Mode», sans réticence, parce que les couturiers pour lesquels elle joue les mannequins lui offrent la tenue dans laquelle elle a été photographiée. Elle est comme Janine, ultra-dépensière. Elle a beau lutter, tenter de freiner ses désirs, elle ne résiste pas à une jolie robe. Ni d'ailleurs à un chapeau, à un sac à main, ou une paire d'escarpins en satin, qu'elle fait teindre à la couleur de ses toilettes. Comme Janine elle recherche les endroits à la mode et les gens qui l'amusent. Elle est plus snob et plus parisienne. Elle est aussi plus intellectuelle: dès qu'un écrivain se profile à l'horizon, elle se montre intéressée, curieuse. Janine aimait tant les marchands de voiture et les industriels. Mais elles auront toutes les deux hante les mêmes paysages, avec le même enthousiasme, entre la plage fleurie, La Croisette et Saint-Jean-Cap-Ferrat. Autre point commun entre les deux femmes: Elles parlent toutes les deux anglais. Elles aiment toutes les deux les toasts, les muffins, le porridge, la marmelade et prennent l'une et l'autre le thé à cinq heures.
Maurois dira dans ses «Mémoires». Nous avions tant de plaisir à être ensemble que nous demeurions insensibles aux réactions de nos familles et de nos amis qui se plaignaient de ne plus jamais nous trouver libres. Autour de nous beaucoup comprenaient, plus clairement que nous-mêmes, que nous allions vers un mariage. Lorsqu'il devint évident que les mœurs et coutumes de nos familles étant ce qu'elles étaient, l'amitié amoureuse qui nous unissait ne pouvait durer que dans le mariage. Un soir, nous eûmes ensemble une longue conversation qui fut prolongée jusqu'à l'aube et au cours de laquelle nous décidâmes de nous marier l'été suivant.
Mais Janine est toujours présente dans le cœur de Maurois. Simone l'accepte... Le 22 février 1926, elle envoie par le train du soir, un panier de fleurs fraîches: « Elles ne sont pas pour vous, elles sont pour Elle... Je veux que vous puissiez les emporter à La Saussaye, lorsque vous vous y rendrez pour le triste anniversaire du 26 février. Mettez-les sur sa tombe. Vous voulez

bien? Laissez moi m'associer de loin à l'hommage que votre douleur va lui rendre …» Quelques jours plus tard, soucieuse de s'unir à lui, en ce jour funèbre: «J'ai pensé constamment à Elle, à votre inguérissable affection…

En comparaison avec Janine, qu'André continue d'adorer et qui incarne, avec des majuscules, la Beauté et la Perfection, elle se décrit humblement, telle qu'elle se voit, ou plutôt telle qu'elle croit qu'il la voit: « une pauvre petite bonne femme de rien du tout!»

La littérature va souder leur complicité. Elle restera un ciment de leur histoire. Contrairement à Janine de Szymkiewiz, Simone de Caillavet a le goût des livres. Rien ne lui plaît comme de plonger dans un roman, d'en examiner l'écriture, d'en décortiquer les phrases, d'en apprendre par cœur des passages. Elle porte une attention extrême à son œuvre dont elle sera toute sa vie une admiratrice inconditionnelle. Cette attention jointe à une naturelle ferveur littéraire, touche Maurois qui apprécie les conseils de ses lecteurs et surtout de ses lectrices.

Le 6 septembre 1926, à la petite mairie de Saint Médard d'Excideuil, Simone de Caillavet épouse Emile Herzog.

Madame André Maurois

La jeune femme est heureuse. Mariée à l'homme qu'elle aime et qu'elle a beaucoup désiré qu'elle à pensé à conquérir, elle l'écrira le soir même à Alice Herzog « Ma très chère mère..., c'est le plus beau jour de ma vie.»

Dans ses «Mémoires» André Maurois s'exprime sur son mariage: J'avais formé l'étrange projet de faire glisser mon second mariage dans ma vie quotidienne sans rien changer à l'ordre de celle-ci, je crois qu'ayant trouvé, malgré moi, une amère et sombre douceur à devenir, à mes propres yeux et à ceux de mes amis, l'inconsolable, j'avais fini par me savoir gré d'un fétichisme sentimental qui n'était ni raisonnable, ni généreux. Peut-être y avait-il là une forme obscure de l'antique culte des morts, et de ce besoin d'apaiser leurs mânes qui est aussi vieux que les sociétés humaines. Peut-être mes fleurs blanches, mes images sacrées, mes cérémonies commémoratives, n'étaient-elles que des formes atténuées de sacrifices très anciens.

Cette sentimentalité avait été au début l'expression toute naturelle d'un immense chagrin; puis elle était devenue malsaine. Je fis vivre Simone, à Neuilly, dans un appartement tout plein de souvenirs d'une autre et, alors qu'elle souhaitait faire de mes enfants les siens, je rendais plus difficile sa prise de contact avec eux, par des scrupules et des réserves que nul être raisonnable ne lui eût opposés. Mon refus maladroit d'autoriser mes fils à l'appeler «maman» allait longtemps créer entre eux et elle une gêne permanente, une muraille de mots, transparente et

infranchissable. Mais je n'étais pas, sur ce sujet, un être raisonnable. Les charmes des morts sont redoutables et puissants. Depuis deux ans, je modelais à mon gré une forme surhumaine, je retouchais mes souvenirs, j'orchestrais un cantique funèbre. A ce culte, je commis l'erreur de vouloir associer celle que maintenant j'aimais. Les domestiques, la nurse des enfants opposaient à ses décisions les volontés de «Madame» et «Madame» était un impalpable et ravissant fantôme.
J'ai su, bien longtemps après, par les confidences de Simone, qu'elle avait été, en cette première année, malgré le profond amour qui nous unissait, malheureuse jusqu'au désespoir. Je ne m'en étais même pas aperçu. Nous sommes aveugles quand les sentiments des autres sont seuls en jeu.
Notre mariage combla de joie Françoise la fille de Simone.
«Le Bon Dieu va m'envoyer une sœur, deux petits frères et un papa, annonçait-elle fièrement aux enfants du parc Monceau.»
Mais elle ne put jouir longtemps de cette famille toute neuve. Elle avait eu la fièvre typhoïde, avec des complications hépatiques et bientôt les médecins diagnostiquèrent une sclérose du foie.
Seule une cure d'altitude offrait une chance de guérison, hélas! Infime. Françoise passa donc les deux dernières années de sa vie brève en montagne loin de nous. Ce qu'il y avait de plus navrant, c'est que, ne se sachant pas très malade elle se croyait injustement exilée. Je n'ai rien fait de mal; pourquoi suis-je punie? Pourquoi m'a-t-on renvoyée de la maison, où j'étais si contente avec mes frères?
Enfin en ce Noël 1929, nous eûmes l'impression d'avoir résolu ce problème sans solution. Françoise, touchante dans son bonheur de revoir Gérald et Olivier, devint pour quelques jours exubérante et joyeuse. Mais le moment vint où il fallu repartir. Françoise désespérée, vit une fois de plus s'évanouir le beau mythe de sa famille. Elle s'accrochait au manteau de sa mère:
«Restez, ma-Man! Restez…»
Puis elle devint grave et courageuse. Tandis que nous montions en voiture, elle se tint debout sur les marches de l'hôtel, stoïque.

Je regardais, sa robe blanche, ses petits bras maigres, ses yeux si intelligents, si tendres, et j'admirais sa silencieuse bravoure. Pauvre Françoise! Il y avait en elle l'étoffe d'une femme héroïque et charmante qu'elle n'allait jamais devenir.
Nous étions à peine rentrés à Paris que ma femme du subir une opération. Je venais de quitter la clinique où j'avais passé deux heures à son chevet quand, de Villard-de-Lans, le médecin m'appela au téléphone: Françoise avait eu une grave hémorragie; elle avait perdu connaissance, il ne restait aucun espoir. Le soir elle était morte. Quand on l'avait couchée, elle avait dit:
«Je veux la photo de mes frères...»
L'infirmière lui avait donné un petit instantané sur lequel Gérald et Olivier, en vestons gris et culottes courtes, riaient tous deux. Puis l'oxygène avait créé une sorte de griserie et elle était morte sans souffrir.
On imagine qu'il fut pénible et difficile d'annoncer, cette affreuse nouvelle à Simone, encore mal remise d'un choc opératoire. J'allais seul à l'enterrement, qui eu lieu en Périgord. Je pensais à la petite fille en robe blanche que j'avais vue pour la dernière fois, essayant bravement de sourire, sur un perron couvert de neige.
La petite fille reposera au cimetière de Saint-Médard-d'Excideuil, près de Gaston de Caillavet, dans une tombe sur laquelle Maurois a fait graver:

Françoise Maurois
1920-1930.

A-t-il voulu donner à Simone une preuve de son amour?
«Mon mari fut admirable de dévouement» dira Simone.
Il aimait tendrement Françoise, après les échecs de ses quatre grossesses, elle adopte les enfants de son mari. Elle les adopte d'abord par l'esprit, par le cœur. Elle s'occupera plus tard des démarches officielles qui feront delle la mère légale des enfants d'André.

Selon Michelle, l'aînée des enfants, Simone aurait en cachette d'André Maurois, révélé aux deux fils de Janine leur origine adultérine. Gérald et Olivier vont apprendre de sa bouche que Maurois n'est pas leur vrai père, quoiqu'ils portent son nom. Leur affection pour lui n'en sera en rien entamée. Jusqu'à la guerre, ils se nommeront fièrement Gérald Herzog et Olivier Herzog, et ce sont eux qui, par la suite, demanderont à se faire appeler Maurois. Ils ne porteront jamais le nom d'un autre homme, père réel ou supposé.

Simone a montré là qu'elle ne sera jamais indulgente pour le passé amoureux de la femme qu'elle remplace désormais.

Elle ne manquera pas une occasion de «dénoncer» Janine et de montrer du doigt, avec méchanceté, sa légèreté, ses trahisons, ses adultères. Elle ne le fera qu'en dehors de la présence de Maurois qui ne tolère pas les moindres atteintes la mémoire de sa première femme et qui, de toute façon, déteste que l'on se montre trop bavard, injurieux ou cancanier. Or Simone est souvent tout cela à la fois. Simone s'efforcera toujours de faire le bonheur de celui dont dépend également sa survie. Elle essaiera, bien que ce soit une tâche surhumaine de remplacer Janine, d'apporter à Maurois toute l'affection dont elle est capable et elle s'occupera de son œuvre avec un soin jaloux. Elle sera son amie, sa servante. Jusqu'à son mariage, elle lui dira qu'elle rêve de sa première épouse et son visage lui apparaît parfois la nuit en songe. A l'église, alors qu'elle se laisse distraire pendant la messe, par les initiales gravées au dessus de l'autel J H S (Jésus- Homme-Sauveur) victime de son obsession, elle croira lire:

Janine Herzog de Szymkiewicz.

Elle souffre vis-à-vis de l'épouse défunte, d'un profond complexe d'infériorité.

Simone aura à se défendre, à plusieurs reprises contre un homme amer, inquiet, qui la fait souffrir comme il a lui-même trop souffert.

A force d'applications, Simone progresse dans le cœur d'André. En voici un témoignage, la date du 12 mars 1927, c'est la première vraie déclaration d'amour d'André à Simone.

«Que vous me manquez Simonetta, vous et les enfants et la maison… Mais que vous étiez gentille hier soir, chérie. Vous êtes vraiment quelqu'un de très bien. Cette confiance et cette intimité parfaites, si difficiles, elles sont possibles entre nous parce que vous m'aimez sans égoïsme. Et moi, de mon côté, chérie, je souhaite tant que vous soyez heureuse. Vous me demandez le bilan de ces six mois:
Il est simple; c'est que nous sommes passées de l'état d'amants fragiles, faciles à séparer, à celui de fragments d'un être unique que je ne conçois plus divisé.
« Simone chérie, c'est un succès. Les enfants son heureux et je suis, moi, beaucoup plus heureux qu'il y a six mois. Et vous, vous voulez bien me dire que vous ne lavez jamais été davantage. Tâchons que cela dure.
Je vous aime et je vous embrasse longuement.»
Pour mieux occuper le terrain, Simone se débarrasse des domestiques gênants, de l'institutrice de Michelle qui était le professeur d'anglais de Janine, et également l'ancien chauffeur de Janine. Elle écarte aussi du cercle de famille, les gens qu'ont servi Janine.
Les plus dévoués à sa mémoire. Le premier été passé à La Saussaye, l'ayant convaincu de s'éloigner des lieux que la précédente épouse à habités et empreints de son style, elle encourage André à se détacher de la jolie propriété, de ses lilas et de ses roses. Les vacances, Simone et André les passeront désormais à Essendieras, sur ses terres à elle ou bien là ou André voudra. En Bretagne à Saint-Raphaël, ou en Angleterre, loin des souvenirs anciens.
Trois mois après son mariage avec Simone, Maurois, souhaite prendre ses distances avec Elbeuf, avec l'usine.
Il va se consacrer désormais à son métier d'écrivain. Quels qu'en soient les risques et même si la vie de la famille doit s'en ressentir sur le plan matériel. Dans cette aventure, l'appui de Simone compte beaucoup. Rien ne la séduit plus que de partager l'existence d'un écrivain. Elle voue à ce métier une admiration sans borne; elle en accepte les aléas.

Elle est très heureuse que son mari se débarrasse de ses souvenirs de chef d'entreprise, quitte à en sacrifier les revenus. Elle ne lui reprochera jamais l'insuccès d'un livre.
Louée en 1927, en 1930 La Saussaye, la maison de Janine, où la famille n'est plus revenue sera vendue.
La roseraie disparaîtra, le petit bois retournera à l'état sauvage et le jardin, autrefois merveilleusement entretenu sera plus qu'un terrain vague. Entre temps, les Maurois auront déménagé. Simone qui a toujours détesté vivre rue Borghèse, obtient, non sans mal, que Maurois vende l'appartement et en achète un autre, sur l'avenue qui longe le Bois. Maurois relate cet événement dans ses «Mémoires»: A Neuilly, nous avons quitté en 1931, après de longues hésitations de ma part, l'appartement de la rue Borghèse que hantaient de beaux et funèbres souvenirs. Simone, plusieurs fois m'avait proposé des maisons que je n'avais pas aimées. Enfin, j'avais été séduit par une adresse. Notre nouvel appartement était situé Boulevard Maurice Barrés; de nos fenêtres la vue, sur le bois de Boulogne et sur Paris, était immense. Devant nous s'étendaient les vagues vertes des arbres; à gauche on découvrait l'Arc de Triomphe; toujours noyé dans la brume, grise ou dorée suivant le temps; à droite le Mont-Valérien ressemblait à une colline florentine couronnée de cyprès. Bientôt je fus très attaché à ce logis. J'en aimais les murs blancs, les vastes bibliothèques d'acajou qui rappelaient ma première maison d'Elbeuf. Les tableaux peu nombreux, mais choisis avec amour (Marquet, Kisling, Boudin, Léger). C'était un décor simple, un peu rigide et nu, mais harmonieux. Il nous plaisait à penser que nous y finirions notre vie.
Simone obtiendra sa plus grande victoire, au cimetière de La Saussaye. Venu y déposer des fleurs à une date, anniversaire de la mort de Janine, le couple Maurois se recueille devant la tombe de marbre blanc.
Simone tout d'un coup dit:
«C'est affreux cette inscription...» Madame Emile Herzog, née Jeanne Wanda de Szymkiewcz «Pourquoi avez-vous fait graver ce nom de Jeanne qu'elle n'aimait pas?

Et puis, pourquoi Madame Emile Herzog? Pourquoi n'avez-vous pas fait inscrire: Madame André Maurois?»
Il reste un moment silencieux. Puis:
«Madame Emile Herzog c'est elle, dit-il.
«Madame André Maurois, c'est vous.»
Peut-être qu'à cet instant Simone ne put s'empêcher de penser au roman d'André Maurois:

Climats

«Climats» est tout entier nourri de la vie de Maurois, les personnages masculins sont tirés de lui-même, les personnages féminins copiés presque trait pour trait, décalqués, sur les femmes qu'il a aimées, qu'il aime encore, et le récit inspiré par sa propre histoire, parfois amalgamée de celle des gens qui l'entourent, ses proches, ses amis.
«Climats» est un effort pour représenter avec l'équité le point de vue de la femme et celui de l'homme dans le couple.
J'ai attaché dira Maurois une importance sans doute démesurée aux femmes et à l'amour. Chez le romanesque existe un écart entre la vision du monde qu'il voudrait avoir et le spectacle «vériste» que lui présente la vie. Chez moi cet écart, immense au début, subsiste encore (et c'est tout ce qui me reste de jeunesse). Le personnage de Philippe Marcenat, dans «Climats», me ressemble. Comme lui je croyais qu'un beau visage appartient toujours à une femme digne d'être aimée, comme lui, je me sentais capable de grands sacrifices à la beauté; comme lui j'étais à la fois en amour, sensuel et tendre, cynique et passionné. Ce romanesque essentiel, cet intérêt poignant pour les femmes expliquant qu'une si grande partie de mes livres lui soit consacrée.
«Climats», publié en 1928, est dédié à Simone. Sur la page de garde, un « A Simone», aussi simple que définitif, succède aux «A Janine», «A la mémoire de Janine» ou «In mémoriam JHS» auxquels tous les livres de Maurois restaient jusqu'alors attachés.

Le «A Simone» brillera à la devanture de tous les romans majeurs? Mais «Climats» est le plus cher à son cœur. Non seulement parce qu'il sera le plus grand succès de son mari, vendu à des millions d'exemplaires à travers le monde, et qu'il deviendra un de ces Classiques dont la Littérature a parfois le secret, mais parce qu'il a été, selon sa propre expression, «taillé dans sa chair vive». Elle en a inspiré le personnage principal, Isabelle de Cheverny. C'est à Isabelle que le narrateur, Philippe Marcenat raconte son histoire. Malheureux en amant, trahi et bafoué par la femme qu'il a aimée le plus au monde et qui est morte avant d'avoir pu vieillir («Odile»), il trouve une consolation en épanchant son cœur auprès de cette seconde épouse («Isabelle») au nom aristocratique, aux racines paysannes. Mû par une logique inconsciente, néanmoins implacable, qu'il tente de s'expliquer à lui-même en écrivant à Isabelle, il l'a fait souffrir à son tour. Il l'a trompe, comme il a été trompé, il l'a torture comme il a été torturé.
Climats, c'est le roman de la jalousie. Construit en deux parties, qui portent chacune un nom de femme.
- «Première Partie: Odile»; «Deuxième Partie: Isabelle», il peint d'abord la jalousie d'un homme qui se montre incapable d'affronter les mystères et les abîmes d'un cœur volage de femme (Odile), puis celle d'une femme (Isabelle) fidèle au contraire, solide comme un roc, et puis animée par on ne sait quel bon sens, quelle extraordinaire sagesse, finit-elle à vaincre le monstre aux yeux verts. Isabelle, quoique moins jolie, mois charmante ou charmeuse que la première et les pâles copies qui la suivront, aura raison de toutes ses rivales par sa patience, par son indulgence et son pardon. Elle saura ramener et ancrer au port l'homme infidèle. Philippe Marcenat, ressemble par plus d'un trait à André Maurois. Il possède sa douceur, son calme, cet aspect velours de sa personne. Comme lui, il a connu un premier amour malheureux, qui lui a laissé une impérissable blessure.
Il a fait un deuxième mariage qu'on pourrait appeler de raison, avec une jeune femme qui n'a pas su lui procurer les vertiges de la première.

L'aspect biographique du roman heurte l'entourage familial tant du coté Maurois que celui de Simone; nombre de leurs amis se déclareront «choqués». Simone réagit avec fierté à ses critiques «On nous accuse d'exhibitionnisme, qu'importe, si le livre est un chef-d'œuvre?»

Elle, en souffre pas moins dans son amour-propre, car sa lucidité ne lui permet pas de se nourrir d'illusions sur la place qu'elle occupe dans le cœur de Maurois, la seconde.
Je n'étais pas de taille à jouer le rôle principal.
N'est pas vedette qui veut. Une autre l'emporte sur moi, parce que Janine appartenait à l'espèce glorieuse des jeunes premières. Mon mari ne m'aime pas d'amour…
Simone mettra longtemps à apprivoiser cette peur.
«Climats» l'y aura beaucoup aidée. Elle confiera à un ami: Je suis convaincue que «Climats» a sauvé notre ménage, un moment troublé. C'est le phénomène que mon mari nomme « la délivrance par l'œuvre d'art». Le roman comme thérapie, on connaissait déjà cette thèse. Mais le roman comme thérapie conjugale: l'interprétation ouvre au couple de nouvelles perspectives. La réconciliation se fera grâce à la Littérature, sur le terrain de leurs propres existences mêlées, nourri de leur sang, de leurs larmes.
Simone en retrouve l'espoir et une certaine grandeur: «Nous nous sommes hissés au-dessus de nous-mêmes, pour devenir des personnages de roman.
Toujours, Maurois transposera dans la fiction des éléments réels; ils revendiquent tous, la lumière crue des témoignages: La vérité est là, offerte en eux comme une «Chose nue.» sans fards. Simone se prête au jeu avec une bonne volonté qui de l'extérieur parait déconcertante. Mais c'est sa manière de participer à l'œuvre. Fière de servir un grand écrivain elle lui donne en somme ce qu'elle peut, son visage, son style, quelques phrases ici ou là, un dialogue vif, une réplique ironique. Aucun texte n'est donné directement à l'éditeur, au directeur de journal ou de cercle littéraire, au recteur d'une université.

Il transite obligatoirement par le petit bureau de Simone. Madame Maurois est la préparatrice ou la maîtresse d'œuvre. Elle donne souvent son avis sur ce qu'il écrit. Si elle oubliait de le faire, Maurois le lui demanderait: il a une haute opinion de son sens critique.

En bref, elle est la secrétaire de son mari. La seule, l'unique, dans ce domaine elle ne se plaint jamais d'en avoir trop. Elle en réclame au contraire, elle voudrait ne faire que ça.
C'est une secrétaire de rêve.
C'est à cause du roman qu'elle veut bien pardonner.
Car pour permettre à son mari de devenir «le plus grand écrivain français»
- ce qu'il est déjà pou elle
- elle se déclare prête à tous les sacrifices.
Dans tous ses romans, Maurois, continuera à «jouer des démons de sa vie. C'est sa manière de romancier. Il n'invente jamais, il décrit des aventures qu'il à vécues, des gens qu'il a connus, des visages qu'il a aimés, malgré les tempêtes que déclencheront certains romans (Les roses de septembre!!) les sentiments de Simone pour son mari seront le reflet du questionnaire de Proust, où dans le domaine conjugal, elle se montre passionnément exclusive:
«Personne préférée. -Mon mari
«Votre auteur préféré. -André Maurois
«Idéal masculin. – Voir plus haut à
«Mon auteur préféré»
«Qualités que vous demandez à votre futur mari!:
- Je ne compte plus me remarier.
- Je m'en tiens à mon présent mari qui est parfait.

Et après:
André Maurois, Simone et Janine

André Maurois meurt à la clinique de la rue de Perronet à Neuilly, le 9 octobre 1967, des suites d'une opération chirurgicale, à l'âge de quatre-vingt-deux ans quelques jours après avoir mis le point final à des «Mémoires» qui seront publiés à titre posthume. Parmi les quelques quatre-vingt-cinq livre dont il est l'auteur, à côté de «Lélia» ou la Vie de George Sand, d'Olympia ou la «Vie de Victor Hugo», figure un petit recueil qui, écrit en 1951, dans les circonstances que l'on sait, prête à sourire:
«Un cours de bonheur conjugal»
C'est à la fin de ce livre qu'il a noté ce conseil, à l'usage des jeunes hommes de l'avenir:
«Le bonheur est un décret»

A la mort de Maurois, elle se laissera doucement âprement mourir de faim, réduite « à l'état de squelette» flottant dans ses robes de deuil. Le chagrin exacerbé son acrimonie naturelle et la dureté dont elle fit preuve en de si nombreuses circonstances. Sa belle fille Michèle Maurois consignera scrupuleusement ses derniers mots:
«Je hais les gens heureux…»
En 1956, Simone a publié un ouvrage dont elle est le plus fière: une biographie de miss Howard, la maitresse de Napoléon III.
«La femme qui fit un empereur»

Sans doute Simone s'est-elle plus d'une fois confondue avec ce personnage d'éminence grise, peu flatteur et peu flatté, mais dont le rôle fut capital; elle aussi œuvra toute sa vie dans l'ombre, pour diriger, conseiller et soutenir un homme.
Éperdue d'admiration pour l'écrivain qui fut son époux, et pour l'homme solide, patient, mais également vulnérable et rêveur, autour duquel elle avait construit sa toile, Simone a signé ce livre, faisant partie de son œuvre à elle, non pas de son nom de jeune fille dont elle eut toujours un immense orgueil, mais pour le meilleur et pour le pire. Simone André Maurois toute son existence aimante et volontaire, aboutit à ce trait d'union.

Les années qui suivirent cette mort cruelle, André Maurois écrivit un livre d'une grande spiritualité: «Le Peseur d'Ames»
Ne serait-il envisageable d'entrevoir la possibilité d'unir, sinon pour l'éternité, au moins pour très longtemps, son âme à celle de sa bien aimée?
Le «Peseur d'Ames» naquit d'un paragraphe lu pendant la guerre de 1914 dans un journal américain.
Un médecin prétendait avoir observé après avoir étudié les variations du poids d'un cadavre après la mort:
a) Que ce poids diminue lentement, ce qui s'explique sans doute par l'évaporation de liquides non remplacés.
b) Qui se produit après une heure trente environ, une chute brusque qui est toujours de même grandeur, dix-sept centièmes de milligrammes.
Il en conclut que l'âme existe, qu'elle pèse dix-sept centièmes de milligramme et qu'elle s'échappe du corps une heure trente après la mort apparente.
C'était invraisemblable, et même absurde.
Pourtant de ce récit bizarre fit vivre en moi des harmoniques. Je voyais en ce temps-là, beaucoup mourir autour de moi. Je perdais des amis très chers. En outre ma femme, que j'aimais souffrait loin de moi d'une maladie inquiétante et définie. Bien qu'il me fût difficile de comprendre comment la pensée humaine pourrait

continuer, sous forme individuelle lorsque les sens auraient cessé de lui prêter le support de l'univers, je souhaitais ardemment croire à la possibilité d'une vie future et à l'union éternelle des âmes.
«Et si c'était vrai?»
Le livre fut édité en 1931.
Le philosophe Henri Bergson, à André Maurois parlant du «Peseur d'Ames»:
J'ai un goût vif pour les contes fantastiques qui ont un support scientifique et philosophique.
Votre histoire n'est pas impossible, peut-être seulement prématurée…

Simone repose aux côtés de son époux au cimetière de Neuilly; quelques années plus tard Gérald Maurois est venu les rejoindre.
Dans le petit cimetière de La Saussaye, le caveau que Maurois avait fait construire pour recevoir le corps de Janine a subi les épreuves du temps, les intempéries, la mousse ont en partie dissimulé les inscriptions:
Madame Emile Herzog, née Jeanne, Marie, Wanda de Szymkiewiez.
Personne ne viendra l'y rejoindre dans la place laissée vide, à côté d'elle…

On se souvient de la «lettre d'apprentissage» que Goethe écrivit pour Wilhelm Meister et de celle que, dans Balzac, Madame de Mortsauf compose pour Félix de Vamdenesse.
C'est en pensant à ces grands modèles qu'André Maurois a écrit, la «Lettre ouverte» à un jeune homme sur la conduite de la vie», devenu désormais un classique. Il a souhaité mettre sa philosophie et ses expériences au service d'un jeune homme, qui est un garçon d'aujourd'hui, aux prises avec les folies et les dangers de notre temps.
C'est une étonnante lettre d'apprentissage qui nous est livrée, c'est bien le message que bien des pères voudraient adresser à

leur fils, et bien des éducateurs à leurs élèves; c'est aussi, pour les jeunes, une confrontation qui donnera matières aux plus fructueuses méditations; enfin pour tous les fidèles d'André Maurois, c'est la redécouverte d'un humaniste, d'un éducateur, d'un moraliste.
Ce texte définit la quatrième page de couverture de ce livre édité en 1966 chez Albin Michel.
Dans l'œuvre romanesque d'André Maurois, un livre «Climats» sera son plus grand succès; vendu à des millions d'exemplaires à travers le monde, il deviendra un de ces classiques dont la littérature a le secret. Roman consacré à l'impossible quête de l'amour idéal, ce roman écrit à deux voix, masculine et féminine, restituée avec finesse les affres des relations sentimentales au sein du couple.

Appendice

« Deux Visages de l'Amour », c'est le titre de ce livre. Pourquoi ce choix ? Ecoutons André Maurois. Des conférences furent faîtes pour la première fois en Amérique à l'université de Princeton. Elles s'adressaient à des étudiants étrangers qui, pour la plupart, ne pouvaient avoir lu les œuvres dont nous parlions. D'où, non seulement des commentaires mais des analyses qui avaient pour objet d'amener ces jeunes hommes à chercher, dans les grands écrivains français, réponse à des questions qui sont les mêmes en tout pays. On dit déjà que ces textes pourront intéresser quelques français, jeunes et vieux. Je leur soumets donc telles qu'elles furent prononcées, ces leçons qui n'ont d'autre mérite que d'avoir pour thèmes des chefs-d'œuvre.

Cette note liminaire présentait son livre
« Sept Visages de l'Amour »

- La Princesse de Clèves
- Julie ou la Nouvelle Héloïse
- Les liaisons dangereuses
- Les héroïnes, de Stendhal
- Quelques héroïnes de Balzac
- Les héroïnes de Marcel Proust

C'est en découvrant ses études que le titre de ce livre apparut à l'auteur.
« Deux Visages de l'Amour »
Jane-Wanda Scymkiewcziz et Simone de Caillavet, les héroïnes de la vie d'André Maurois, mais aussi celles de son roman « Climats »

Références bibliographiques

Mémoires d'André Maurois
Éditions Flammarion (1970)

André Maurois
Par Jacques Suffel
Éditions Flammarion

- Portrait d'un ami qui s'appelait moi
Par André Maurois

- Le carillon de Fénelon
Par Michèle Maurois
Editions Flammarion (1972)

- Il n'y a qu'un amour
Par Dominique Bona
Éditions Grasset (2003)
Avec qui je suis débiteur, pour avoir puisé sans retenue dans cet excellent livre sur la vie d'André Maurois.

- 2006. Archives de Simone et d'André Maurois.
Don du professeur Robert Naquet, gendre d'André Maurois à l'institut de France.

Deux visages de L'Amour

IMPRIMÉ PAR

REVERBERE SARL
4 PLACE DE LA PERGOLIA
95021 CERGY

LA PLUME ÉDITIONS
235 ALLÉE ANTOINE MILLAN
BÅT C
01600 TRÉVOUX

ISBN : 978-2-914521-64-2

Dépôt légal 3 ième trimestre 2011